NOTICES HORTICOLES

N° 1

LA TERRE DE BRUYÈRE

et les terres artificielles employées en horticulture

DE LA POSSIBILITÉ D'UTILISER LA VAPEUR PERDUE DES MACHINES A VAPEUR

UNE ASPERGERIE DE PRIMEURS

LES BOUQUETS DE Ste BARBE, CULTURE FORCÉE DES RAMEAUX A FLEURS

FLORAISON HIVERNALE DES JACINTHES SUR CARAFONS

PAR

Éd. PYNAERT

Architecte de jardins, Professeur à l'École d'Horticulture de l'État annexée au Jardin botanique de l'Université de Gand, Membre du Comité-directeur et Bibliothécaire du Cercle d'Arboriculture de Belgique, Membre correspondant de la Société Pomologique de France, de la Société Van Mons et de la Société de Pomologie d'Anvers, de la Société d'Agriculture et d'Horticulture de l'Arrondissement de Huy, Membre effectif de la Société royale d'Agriculture et de Botanique de Gand, de la Société de Botanique de Belgique, etc , etc.

Orné de 8 gravures dans le texte.

DEUXIÈME ÉDITION

Prix : UN franc

GAND

H. HOSTE, LIBRAIRE-ÉDITEUR, 43, RUE DES CHAMPS

Amsterdam, J. Noordendorp, libraire

1873

NOTICES HORTICOLES

N° 1

Gand, imp. C. Annoot-Braeckman.

NOTICES HORTICOLES
N° 1

LA TERRE DE BRUYÈRE

et les terres artificielles employées en horticulture

DE LA POSSIBILITÉ D'UTILISER LA VAPEUR PERDUE DES MACHINES A VAPEUR

UNE ASPERGERIE DE PRIMEURS

LES BOUQUETS DE Ste BARBE, CULTURE FORCÉE DES RAMEAUX A FLEURS

FLORAISON HIVERNALE DES JACINTHES SUR CARAFONS

PAR

Éd. PYNAERT

Architecte de jardins, Professeur à l'École d'Horticulture de l'État annexée au Jardin botanique de l'Université de Gand, Membre du Comité-directeur et Bibliothécaire du Cercle d'Arboriculture de Belgique, Membre correspondant de la Société Pomologique de France, de la Société Van Mons et de la Société de Pomologie d'Anvers, de la Société d'Agriculture et d'Horticulture de l'Arrondissement de Huy, Membre effectif de la Société royale d'Agriculture et de Botanique de Gand, de la Société de Botanique de Belgique, etc., etc.

Orné de 8 gravures dans le texte.

DEUXIÈME ÉDITION

Prix : UN franc

GAND
H. HOSTE, LIBRAIRE-ÉDITEUR, 43, RUE DES CHAMPS
Amsterdam, J. Noordendorp, libraire

1873

LA
TERRE DE BRUYÈRE
ET LES
TERRES ARTIFICIELLES
EMPLOYÉES EN HORTICULTURE.

Avant-propos.

Parmi les questions dignes d'éveiller l'attention des hommes qui consacrent à l'horticulture leur intelligence ou leurs loisirs, il en est certes peu qui soient d'un intérêt plus immédiat que celle qui a rapport à l'élève et à la propagation de la grande majorité des plantes ornementales.

Si en agriculture la composition, les qualités diverses du sol ont une importance capitale, on peut concevoir aisément que dans nos cultures artificielles, où tout doit être prévu, combiné à l'avance avec une exactitude d'autant plus scrupuleuse que tout y est factice, on peut concevoir, disons-nous, que la part d'action du sol doit être encore plus considérable.

A ce titre, la question de la terre de bruyère ou du terreau végétal est une de celles qui méritent d'être élucidées par une étude approfondie.

Il y a neuf ans, nous avons traité cette question au Congrès international d'horticulture et de botanique qui eut lieu à Bruxelles en 1864[1]. Dans le travail que nous avons présenté sur cet objet, et qui, nous aimons à le dire, a été accueilli avec une faveur marquée, nous nous étions donné pour tâche de réunir quelques-uns des faits principaux concernant cette question et d'en déduire les conséquences.

La brochure d'un tirage spécial[2] que nous avons publiée ensuite étant fréquemment demandée, nous croyons bien faire en la faisant réimprimer sous une forme nouvelle.

---

(1) Bulletin du Congrès international d'horticulture, réuni à Bruxelles les 24, 25, 26 avril 1864, sous les auspices de la *Fédération de la Société d'Horticulture de Belgique. — La terre de bruyère*, p. 118.

(2) *La terre de bruyère, son origine, sa nature, son emploi.*

I.

Ce que l'on entend généralement par terre de bruyère.

Sous le nom de *terre de bruyère*, on désigne d'ordinairement une terre végétale dont la formation est due à l'accumulation naturelle de débris végétaux qui se décomposent lentement sous l'influence désorganisatrice des agents atmosphériques ; on peut dire hardiment que cette substance est aussi importante pour l'art horticole que n'importe quelle matière première dans l'industrie manufacturière. C'est elle qui constitue la base des sols artificiels réclamés par la nature si variée des végétaux qui peuplent nos jardins et nos serres. Que l'on prenne le premier livre venu traitant de jardinage, partout on y verra l'indication des divers soins de culture accompagnée de la composition de la terre à employer, composition dans laquelle la terre de bruyère, ou du moins celle que l'on appelle de ce nom, entre pour une part plus ou moins grande, très souvent pour la plus large part. Il est hors de doute que sans elle une foule de plantes jouissant de la plus grande vogue, devraient disparaître de nos collections.

Eh bien, n'est-il pas étrange de voir qu'une matière si répandue, qui ne peut jamais faire défaut là où l'art des jardins est appelé à déployer ses richesses, n'est-il pas étrange de voir qu'une matière si indispensable est non seulement mal connue, mais que son action est non moins fréquemment mal comprise? Pourquoi? Parce qu'elle a été primitivement mal dénommée et que de cette dénomination inexacte est résultée, dans la suite, une confusion à laquelle, il faut le dire, peu d'ouvrages horticoles, périodiques et autres, ont pu échapper.

Nous allons essayer de faire cesser cette confusion; elle n'a été que trop longtemps, on peut en être convaincu, la cause d'erreurs et de mécomptes amers. Nous n'avons pas toutefois l'intention de traiter la question dans son ensemble et sous ses diverses faces. Nous la considérons simplement ici au point de vue pratique, en bornant nos recherches et nos études spécialement à ce que l'on appelle la « terre de bruyère de Gand. »

II.

La " terre de bruyère de Gand " n'est pas de la terre de bruyère.

Disons d'abord que la terre, connue partout sous le nom de *terre de bruyère de Gand* et que nous lui donnons aussi nous autres Gantois, n'est pas à vrai dire de la *terre de bruyère*. C'est pourtant sous ce nom qu'on la désigne généralement; même les plantes qui se plaisent particulièrement dans cette terre, les Rhododendrons, les Azalées, les Camellias, etc., qui constituent, comme on sait, une branche si importante du commerce horticole de notre ville, sont connues partout sous le nom générique de *Plantes de terre de bruyère*.

On peut constater ici une fois de plus combien il est

regrettable de voir adopter par la science et sanctionner par elle jusqu'à un certain point, des dénominations fausses, créées dans le principe par des hommes de pratique, incontestablement versés dans l'art qu'ils exercent, mais qui en dehors de celui-ci n'attachent jamais qu'une importance secondaire à l'exactitude technique de ces dénominations. Nous n'avons nul besoin de prendre en dehors de notre sujet des exemples pour corroborer cette assertion; d'ailleurs, les inconvénients de cette inexactitude sont suffisamment reconnus.

Pour ce qui est de la terre de bruyère de Gand, c'est tout bonnement du *terreau de feuilles* et pas autre chose ; cette fausse dénomination du reste, est si bien établie que nous la trouvons en usage, même chez les gens qui se font une véritable industrie de l'extraction et de la vente de cette matière première. Maintenant l'origine de cette dénomination erronée est-elle due à l'emploi exclusif de cette terre pour la culture des Bruyères du Cap, qui furent jadis une de nos spécialités favorites, ou bien cette terre elle-même n'a-t-elle été employée que comme substitutif à la véritable terre de bruyère, laquelle n'est pas abondante chez nous ? C'est ce que nous ne pouvons guère éclaircir, d'autant plus que l'erreur pourrait bien avoir son origine en France, où la plupart des Traités d'horticulture confondent ces deux terres.

III.

Différence entre la terre de bruyère et le terreau de feuilles.

Quelle différence énorme faites-vous donc entre la terre de bruyère et le terreau de feuilles, nous demandera-t-on ? — Autant, pourrions-nous répondre, qu'entre deux champs dont l'un serait estimé à cinq mille francs l'hectare et l'autre à dix mille.

La terre de bruyère proprement dite est la couche superficielle du sol, épaisse de huit à quinze centimètres, que l'on enlève dans les landes stériles et sablonneuses, où les Bruyères sauvages constituent pour ainsi dire toute la végétation. Cette couche est formée de terreau, ou, si l'on veut, d'humus, résultant de la décomposition des détritus annuels de ces plantes, humus auquel vient se mélanger une portion variable de sable. Celui-ci est souvent d'une nature ferrugineuse et provient des parties dénudées du sol, d'où il est déplacé par les vents. Cette circonstance explique la diversité des terres de bruyère, leur composition, leur qualité si variables. Notons surtout que le sable ferrugineux est antipathique à beaucoup de plantes.

Dans la même localité, il n'est pas indifférent non plus d'enlever l'humus dans les parties sèches ou dans les parties humides. Le premier seul convient à toutes nos cultures, tandis que l'humus qui s'accumule dans les bas-fonds, dans les endroits exposés à l'humidité, est d'une nature tourbeuse, nuisible aux végétaux cultivés, comme la tourbe elle même, lorsqu'elle n'a pas été préalablement assainie.

En règle générale, la terre de bruyère est peu fertile. Le plus souvent elle est très sableuse et présente au plus haut degré les défauts des terres qui sont de cette nature. Employée pure, c'est à dire sans addition d'éléments plus nutritifs, elle ne convient qu'à certaines plantes d'une croissance très lente.

La soi-disant terre de bruyère, employée à Gand, n'a de rapport avec celle que nous venons de caractériser rapidement, que sa nature humeuse. Elle provient de la décomposition des feuilles dans les bois ; de là le nom de *terre de bois* (boschgrond) qu'on lui donne aussi quelquefois, mais plus rarement, quoique plus correctement. Au point de vue de la culture, elle se distingue de la terre de bruyère proprement dite en ce qu'elle en a toutes les qualités, ou du moins qu'on peut aisément lui donner celles-ci, sans en offrir jamais les défauts au même degré. Elle est bien plus riche en humus et renferme par conséquent moins de sable. Celui-ci doit y être mélangé dans la proportion d'un tiers ou d'un quart pour toutes les plantes cultivées en pots. Pour la culture en pleine terre, la proportion de sable peut être moindre, surtout lorsque le terreau n'est pas d'une décomposition trop avancée; ainsi lorsqu'il provient d'un bois jeune, où il n'a pas eu le temps de s'accumuler et de former une couche épaisse, on l'emploie fréquemment sans addition de sable, précisément parce que celui-ci s'y trouve déjà mélangé quelque peu naturellement. Autour de Gand, cette terre s'extrait exclusivement des bois dont le sol est sablonneux.

IV.

Utilité du sable dans la préparation des sols artificiels.

L'introduction d'une certaine quantité de sable dans le terreau de feuilles a pour effet de maintenir celui-ci dans un plus grand état de division et d'empêcher l'humus de s'agglomérer par suite du tassement et des arrosements. L'infiltration des eaux est ainsi rendue plus facile, le sol s'aère mieux et devient par là plus fertile. Ceci est un point sur lequel nous croyons devoir insister. Toutes autres conditions égales, la fertilité d'un sol s'accroît avec sa porosité. Cette fertilité n'est-elle pas en grande partie la conséquence de la décomposition plus ou moins rapide, sous l'influence de l'air et d'une humidité modérée, des matières nutritives que le sol renferme et de leur transformation en principes solubles? Par conséquent, plus l'accès de l'air dans le sol est rendu facile, plus cette décomposition, cette transformation est active et plus le sol devient généreux. On perd trop souvent de vue qu'un sol peut renfermer et renferme quelquefois, tous les éléments d'une grande fécondité, sans être néanmoins fertile, précisément parce que ces éléments ne sont pas dans un état assimilable. L'air est un agent dont l'intervention est surtout nécessaire pour que la transformation de ces éléments en principes assimilables puisse s'opérer.

De ce qui précède, on pourrait tirer une conclusion tout à fait contraire à l'opinion que nous avons exprimée plus haut, c'est à dire que le sable rendrait l'humus plus fertile et par suite que la terre de bruyère proprement dite, dont la nature est toujours très sableuse, serait plus fertile que le terreau de feuilles. Ce serait une erreur. Le sable n'est qu'une matière inerte qui sert ici d'amendement. L'humus seul est propre à alimenter les végétaux par la décomposition graduelle et continue de ses éléments; mais lorsqu'il est isolé, sa nature physique, dans certains cas, le rend peu favorable à la végétation.

Ainsi donc le terreau de feuilles doit être toujours mélangé d'une certaine quantité de sable. Si on a le choix, on donnera la préférence au sable le plus pur, au sable blanc. Ce mélange de terreau de feuilles et de sable peut toujours remplacer avec avantage la meilleure terre de bruyère proprement dite, d'autant plus que la terre de bruyère réellement bonne ne se trouve que très rarement.

V.

Des mélanges de terres propres à la culture en pots

Ce n'est pas dans son emploi comme substitutif à la terre de bruyère que le terreau de feuilles trouve sa véritable importance. Employées isolément, les terres humeuses ne sont pas d'une grande richesse, quoiqu'elles le soient encore à un degré différent. Dans cet état, elles conviennent uniquement à des plantes d'une végétation peu rapide et qui craignent les engrais, quelque soit leur origine, dès qu'ils renferment des sels ammoniacaux ou alcalins. Qui ne connaît l'antipathie des plantes de terre de bruyère pour les fumiers en général, même pour ceux d'une fermentation très avancée ? On sait parfaitement aussi que la culture des *Erica* du Cap devient un problème insoluble, lorsqu'on est obligé de faire usage pour les arrosements d'une eau de puits qui renferme des traces de sels calcaires.

Les terres humeuses deviennent surtout d'un emploi précieux pour former ces mélanges, ces *composts,* comme disent les Anglais, destinés à imiter dans une certaine mesure la composition variée du sol des diverses parties de la terre, où les végétaux semblent vivre avec plus ou moins de prédilection. Cette imitation de la nature ne doit pas être servile; ce ne serait guère le moyen d'arriver à la perfection dans nos cultures artificielles.

Il ne faut pas oublier qu'il y a loin de la plante qui croît dans sa station naturelle, allongeant ses racines comme ses autres organes au gré de ses caprices ou de son tempérament, à la même plante recluse dans nos serres, où pour comble de servitude ses racines se voient emprisonnées dans les bornes infranchissables d'un vase étroit.

Et pourtant, dans ces conditions qui paraissent si défavorables, la voit-on bien souvent affecter des allures joyeuses, subir même parfois une métamorphose complète; tantôt c'est son feuillage qui devient plus ample, plus cossu et qui, à lui seul, lui donne un air plus civilisé; tantôt c'est par une floraison luxuriante, par une fructification précoce, que l'influence de la culture manifeste sa puissance. Ces résultats sont dus en majeure partie aux mélanges dont nous venons de parler.

On conçoit que pour y atteindre, il ne peut être question dans un grand nombre de cas d'imiter scrupuleusement et dans les mêmes proportions la nature, la composition du sol où croissent les plantes dans leur état spontané. Les vases, les pots à fleurs ne pouvant offrir aux racines qu'un espace restreint, il est de toute nécessité que cet espace puisse fournir à celles-ci la même somme de nourriture qu'elles pourraient trouver en pleine terre, ou même une nourriture plus abondante encore; mais il ne faut pas que le sol perde pour cela l'état de perméabilité ou de ténacité recherché par les plantes.

C'est ici que dans la pratique l'écueil commence. Il en est qui veulent un sol ferme et rassis. La plupart, surtout celles dont la croissance est rapide, préfèrent un sol léger ou qui ne soit pas trop fortement comprimé. L'expérience seule peut être ici un guide sûr.

VI.

Un mot sur la composition des terres.

Quel est, dans ces mélanges, le rôle ou si l'on veut l'utilité, soit de la terre de bruyère, soit du terreau de feuilles ? — Pour mieux faire comprendre ce point important, nous sommes obligé d'entrer dans quelques détails sur la composition du sol en général et sur l'influence qu'il exerce sur la végétation. Nous pensons que cette digression est loin d'être déplacée ici.

Le sol naturel en état d'être soumis à la culture a d'ordinaire pour base ou l'argile ou le sable ; le plus souvent c'est un mélange de ces deux corps. Il semble d'autant plus fertile que ce mélange se trouve dans une proportion plus égale, tandis qu'il est presque stérile, lorsque l'une ou l'autre de ces substances se rencontre isolément. Mais l'argile et le sable seuls ne conviennent à la culture d'aucune plante. Cela tient en grande partie à leur nature physique. La compacité de l'argile pure empêche le contact de l'air et le développement des racines ; l'eau ne la pénètre pas et au retour du printemps, le sol reste longtemps froid et humide. Au soleil, sa surface se durcit, se fendille, ce qui rend pour ainsi dire la germination impossible. Le sable a des défauts tout opposés ; il n'a pas de consistance, ne retient pas l'eau et se dessèche avec une trop grande rapidité. Par le mélange, les défauts mutuels de l'argile et du sable se neutralisent ; ils constituent alors le meilleur fond ponr la généralité des plantes. Mais ce ne sont pas ces substances en elles-mêmes qui peuvent donner au sol sa fertilité. Le sable et l'argile lorsqu'ils sont purs, sont aussi inertes l'un que l'autre. La fertilité intrinsèque d'un sol dépend de la présence en quantité plus ou moins grande de matières minérales et de matières organiques propres à constituer sous forme de sève, par leur décomposition et leur dissolution, le liquide absorbé par les racines.

VII.

Les matières minérales du sol.

Les matières minérales, destinées à former la partie osseuse du végétal, partie relativement petite quant au poids, ainsi que le prouve la minime quantité de cendres que laisse une plante, manquent rarement dans le sol; mais il peut arriver qu'elles soient insuffisantes, ou qu'elles aient été épuisées à la suite d'une longue culture. Le chaulage remédie partiellement à cet appauvrissement; mais les engrais minéraux et spécialement ceux fabriqués selon la formule de Georges Ville seront d'un emploi avantageux.

Dans les jardins, il est probable qu'un appauvrissement analogue doit se produire alors surtout que la culture n'est pas très variée et que l'engrais lui-même que l'on emploie est toujours le même. Des observations positives n'ont pas encore été faites à ce sujet, sauf en ce qui concerne les arbres fruitiers; leur stérilité, leur manque de vigueur ou de rusticité, ce que plusieurs pomologues ont appelé leur *dégénération* ou *dégénérescence*, a été attribué récemment, et non sans apparence de raison, au défaut de matiéres minérales dans le sol.

N'oublions jamais que la plante exige pour son développement les mêmes substances que celles qu'on retrouve dans ses cendres. Comme nous l'avons déjà fait observer en passant, ces substances se trouvent quelquefois dans le sol, sans que les végétaux puissent en profiter, attendu qu'elles n'y existent pas sous une forme assimilable, sous une forme soluble. Cette forme, elles ne la prennent que lentement sous l'action des agents atmosphériques, de l'air, de l'humidité et de la chaleur solaire. Accidentellement, cette transformation s'opère d'une manière plus rapide ; par exemple, sous l'action d'une calcination modérée du sol. Du moins on attribue à ce fait la grande fertilité du sol des places à charbons, où la terre a été pour ainsi dire brûlée lors de l'établissement des fours.

VIII.

L'humus végétal.

Quant aux matières organiques, leur abondance n'est pas moins variable que celle des matières minérales. Elles constituent en grande partie ce que l'on appelle l'humus du sol. Cet humus provient toujours des détritus d'une végétation antérieure, à moins d'avoir été apporté artificiellement sous la forme d'engrais végétaux ou de fumiers d'étable.

L'humus, quelle que soit son origine, mais surtout celui d'origine végétale, renferme les éléments naturels de la nutrition des plantes ; sa décomposition fournit à la fois et le carbone, qui entre pour une part si large dans la constitution du tissu végétal, et la matière minérale. Celle-ci ne paraît pas à l'état visible dans la décomposition lente, mais on peut l'isoler par la combustion. Voilà pourquoi certaines plantes peuvent prospérer dans la terre de bruyère pure ou dans un mélange de terreau de feuilles et de sable.

Ce qu'il y a de plus remarquable, c'est que toutes les plantes de cette catégorie languissent dans un sol qui contient de l'engrais proprement dit. Cette règle compte peu d'exceptions, croyons-nous. Il est vrai que le Camellia supporte parfaitement les engrais, mais on sait que le Camellia n'exige pas la terre de bruyère pure et qu'il vient très bien dans un mélange de terreau de feuilles et de terre argileuse. Peut-on dire que c'est une vraie plante de terre de bruyère ? D'autre part nous avons vu cultiver avec succès des Ananas dans du terreau de feuilles pur ou simplement mélangé de sable, et ce ne sont certes pas là ce qu'on peut appeler des plantes de terre de bruyère; car, dans les pays où ils viennent à l'état spontané, dans ceux où ils sont soumis à la culture en grand, ils végètent avec plus de vigueur et donnent de plus beaux produits dans les terres argileuses qu'ailleurs.

IX.

Qualités variables du terreau végétal.

C'est ici le lieu d'examiner la nature toute spéciale des terres végétales *naturelles;* car il ne faut pas confondre le terreau artificiel, que l'on peut obtenir par la décomposition de matières accumulées en tas, avec celui qui se forme dans les bois et dans les bruyères. Les praticiens n'ignorent pas que le terreau fabriqué ne vaut jamais celui-ci, et qu'il est bien loin de pouvoir le remplacer pour toutes les plantes. Nous dirons plus; les vraies plantes de terre de bruyère ne peuvent s'en contenter.

Malgré notre répugnance à faire intervenir la chimie dans cette dissertation qui n'a aucune prétention scientifique, nous sommes pourtant obligé d'y recourir pour faire comprendre comment une seule et même substance décomposée ou en voie de décomposition, peut acquérir des propriétés différentes selon la manière dont cette décomposition a lieu. Que l'on ne s'effraye pas toutefois; nous éviterons autant que possible les expressions scientifiques et nous ne sortirons pas des faits qui intéressent particulièrement la pratique horticole.

X.

Aperçu sur la nature chimique des terreaux.

La décomposition de toutes les substances végétales est toujours accompagnée de la production d'acides particuliers, tandis que celle des substances animales, qui renferment de l'azote, donne naissance à un terreau doux dont la réaction est ammoniacale.

Le terreau de feuilles récemment formé contient en outre du tannin, autre acide provenant des feuilles elles mêmes. C'est cet acide qui donne, comme on sait, à l'écorce de chêne ses propriétés astringentes si précieuses dans l'industrie du tannage. Ce tannin peut être nuisible à la végétation ; la faible quantité que le vieux tan extrait des cuves en retient encore, suffit pour empêcher la croissance des mauvaises herbes dans les sentiers des jardins, sur lesquels on en répand à cet effet une mince couche.

Dans le terreau de feuilles, le tannin disparaît à mesure que la décomposition avance, mais il s'y produit d'autres acides. Ces acides, dont la formation est due, au contraire, à cette décomposition, sont de deux natures : ils sont solubles ou insolubles. Les premiers accompagnent les seconds lorsque la décomposition a lieu dans l'eau ou lorsqu'elle se fait sous l'influence d'une humidité persistante.

Ce sont les acides solubles qui donnent à la tourbe sa réaction acide et la rendent impropre à la culture, quoiqu'elle soit uniquement composée de débris végétaux. Mais cette acidité peut lui être enlevée, par exemple, en la laissant égoutter ou en y ajoutant de la chaux, des cendres de bois, etc. C'est ainsi que la plupart des terrains tourbeux des environs de Paris ont été convertis en jardins maraîchers de la plus grande richesse.

De même dans nos serres, la tourbe débarrassée de son acide peut être employée avec grand avantage ; on en tire notamment un excellent parti dans la culture des Orchidées exotiques, réputées si difficiles et si capricieuses.

Dans les bruyères et dans les bois, les parties basses, où l'eau reste longtemps stagnante, offrent un terreau dont l'acidité a beaucoup d'analogie avec celle des tourbières ; ce terreau est plus noir que celui des parties sèches et le jardinier inexpérimenté est tenté de lui donner la préférence. Nous conseillons de ne le prendre qu'à défaut d'autre et seulement pour les végétaux auxquels son acidité ne peut être nuisible.

Il est bien vrai que cette acidité n'est pas permanente et qu'elle peut être enlevée au moyen de chaux et de cendres, mais ces amendements ne conviennent guère aux plantes de terre de bruyère proprement dite. Reste encore le lavage qui doit évidemment entraîner l'acide soluble. Nous ne garantissons pas l'efficacité de ce moyen, quoiqu'il soit indiqué par la théorie : l'expérience suivante pourra fixer plus ou moins les idées sur ce point.

XI.

Nécessité de drainer la terre dans les pots à fleurs.

On sait que les plantes cultivées en pots jaunissent et deviennent malades lorsqu'elles sont arrosées inconsidérément; la terre s'acidifie et la végétation reste languissante, en attendant qu'elle cesse complétement si le remède n'arrive pas assez vite. Ici encore c'est l'acide particulier aux tourbières qui se forme. Le même accident se produit chaque fois que le drainage des pots n'est pas établi de façon à permettre un écoulement rapide des eaux surabondantes. Afin de l'éviter dans les vases d'une grande dimension, il ne faut pas se contenter de mettre quelques tessons pour recouvrir les ouvertures du fond, faites précisément en vue d'opérer le drainage; il faut y mettre une couche de tessons de plusieurs centimètres d'épaisseur.

Lorsque le mal est fait, il ne suffit plus de modérer les arrosements. Le mieux serait de dépoter la plante et de lui donner une terre neuve. Ce remède très simple n'est pas toujours praticable, parce que les plantes ne peuvent pas être rempotées ainsi en toutes saisons. Celui que nous allons indiquer évite cet inconvénient; il consiste uniquement à s'assurer d'abord si le drainage est en bonnes conditions et, dans ce cas, à arroser copieusement, à diverses reprises, avec de l'eau chauffée à 40° C. environ. L'acide de la terre est ainsi dissous et entraîné avec l'eau surabondante.

Ce procédé, que nous citons pour l'avoir pratiqué avec un plein succès, ne prouve-t-il pas, conformément aux inductions que nous pouvons tirer de la théorie, qu'un lavage seul peut suffire à adoucir des terres acides? Nous ne voulons cependant rien préjuger sans pouvoir nous appuyer sur d'autres faits. Maintes fois, nous avons eu l'occasion de le constater, lorsque la pratique et la théorie semblaient en désaccord, la faute en était non pas à la théorie, que l'on accuse parfois trop à la légère, mais à la connaissance peu approfondie des faits sur lesquels portait la discussion.

XII.

Du terrean de gazon et de la tourbe.

En dehors de la terre de bruyère proprement dite et du terreau de feuilles, il nous faut mentionner parmi les terres humeuses, le terreau de gazon et la tourbe. Celle-ci n'est pas d'un emploi aussi fréquent dans le domaine de l'horticulture qu'elle pourrait l'être. Après un séjour plus ou moins prolongé à l'air et à la pluie, elle finit par se transformer en un terreau qu'on peut substituer pour un grand nombre de plantes à la terre de bruyère ou au terreau de feuilles ordinaires.

Quant au terreau de gazon, on le forme, en accumulant en tas la pelletée supérieure du sol d'une bonne prairie jusqu'à ce que la matière végétale se soit entièrement décomposée. Il faut prendre de préférence le gazon sur une épaisseur de 10 à 12 centimètres dans les prairies sujettes aux inondations d'un fleuve riche en limon. On remanie le tas de temps à autre, tous les deux ou trois mois, par exemple, en brisant les plus fortes mottes.

Ce terreau est très fertile et peut intervenir pour un tiers ou un quart dans la préparation des composts pour une foule de plantes qui aiment une terre un peu forte.

XIII.

Des terreaux mixtes.

Ce ne sont pas seulement les terreaux d'origine végétale qui entrent dans la composition des divers mélanges de terres. On emploie aussi fréquemment des terreaux provenant de fumiers décomposés. Ce sont surtout le terreau de fumier de cheval et celui de fumier de vache dont l'usage est le plus général.

L'horticulture de Paris consomme du premier de ces terreaux des milliers de mètres cubes provenant des couches à primeurs. Il entre, du reste, dans les composts préparés pour la grande majorité des plantes cultivées en pots; il doit être suffisamment consommé pour pouvoir être passé au crible. On facilite sa décomposition en remaniant fréquemment le tas et en l'arrosant de temps à autre.

On obtient également un bon terreau en formant un tas de fumier de cheval et de terre franche ordinaire par couches alternatives de $0^{m}15$ d'épaisseur environ, en ayant soin d'humecter suffisamment le fumier. Au bout de deux ou trois mois, suivant la saison, on défait le tas en entremêlant les diverses couches au moyen de la fourche.

Puis on amoncelle le tout en forme de dos d'âne et on laisse reposer quelques semaines pour remanier de nouveau jusqu'à ce que le fumier se soit complétement amalgamé dans la terre.

Ce procédé est mis en œuvre par les horticulteurs qui, dans leurs cultures, ne font pas emploi des couches comme production de chaleur.

Le terreau de fumier de vache est moins connu ; mais il est indispensable dans la culture d'un grand nombre de plantes et notamment des plantes bulbeuses, telles que les Tulipes, les Jacinthes, etc. Dans l'horticulture d'agrément, on pourrait faire un emploi beaucoup plus fréquent, et nous ajouterons beaucoup plus avantageux, de ce terreau que du terreau de fumier de cheval. On le prépare à peu près de la même manière que ce dernier, c'est à dire en mettant pendant un certain temps le fumier en tas, en séparant les divers lits par autant de couches de terre.

On peut employer indifféremment du fumier de vache mélangé de litière, comme celui qu'on retire des étables, ou de la bouse ramassée dans les prairies où l'on fait paître les animaux.

L'essentiel est que la litière soit suffisamment imbibée des déjections solides et liquides. Disons toutefois que certains spécialistes en Hollande donnent la préférence au fumier de bêtes nourries exclusivement de foin à l'étable et dont les déjections sont retirées sans la paille ou la litière.

Le terreau de fumier de vache demande deux fois plus de temps à se faire que le terreau de fumier de cheval. Mais il gagne beaucoup aussi à être souvent remanié.

XIII.

Préparation des terres artificielles.

Les terres humeuses en général peuvent entrer pour une part importante dans la composition des terres artificielles, des composts. Nous l'avons dit, ces composts doivent présenter sous un petit volume une grande somme de principes nutritifs, en ne perdant pas de vue cependant la nature physique du sol. Règle générale, on doit chercher à obtenir un mélange à la fois substantiel et meuble, qui ne soit ni trop léger, ni trop compacte et qui ne retienne pas l'eau avec ténacité. Bien combinés, ces composts opèrent des merveilles. Ici encore, pour bien établir les proportions, il faut non seulement du raisonnement et de l'observation, il faut surtout un tact spécial qui ne s'acquiert que par la pratique.

D'ailleurs, dans la formation des terres artificielles, le rôle du terreau végétal ne se borne pas exclusivement à fournir par sa décomposition lente et graduelle un élément nutritif, au même titre qu'un engrais quelconque; son action mécanique mérite aussi d'être prise en considération. Il rend les terres argileuses plus perméables, plus légères, et ses propriétés acides lui permettent d'absorber l'ammoniaque de l'air et des engrais.

Pour la plupart de ces mélanges, on pourra employer indifféremment la terre de bruyère, le terreau naturel de feuilles se formant dans les bois ou même l'humus résultant de la décomposition de substances herbacées de toute provenance. L'emploi de l'un ou de l'autre de ces terreaux est indifférent, dès qu'il s'agit de plantes supportant les engrais sous quelque forme que ce soit. Il n'en est nullement ainsi pour les plantes de terre de bruyère proprement dites.

Nous ne nous sommes pas encore expliqué sur la différence d'action que l'on a constatée chez le dernier de ces terreaux relativement aux deux autres. Arrêtons-nous y un moment.

XV.

Formation du terreau végétal naturel.

Nous avons parlé de la nature acide de l'humus végétal. Il faut admettre que cette acidité convient aux plantes qui se plaisent dans la terre de bruyère et dans le terreau de feuilles. Pourquoi donc ces mêmes plantes ne viendraient-elles pas également bien dans l'humus végétal préparé artificiellement? Nous croyons que l'explication de ce fait, qui semble de prime abord anormal, contraire à la saine théorie, réside dans cette circonstance, trop souvent considérée à tort comme peu importante dans la pratique, que la décomposition des matières organiques ne s'effectue pas de la même manière quand l'air n'a pas d'accès dans la masse ou arrive en quantité trop faible pour opérer cette décomposition. Que se passe-t-il dans la formation de l'humus dans les bois? Les feuilles qui jonchent annuellement le sol, y forment une couche peu épaisse jouissant largement du contact de l'air, et leur décomposition s'y fait sans que leur masse s'échauffe ou subisse une fermentation rapide, comme cela doit avoir lieu inévitablement lorsque les feuilles sont mises en tas. Il sera donc toujours difficile, sinon impossible, d'imiter l'action de la nature et par suite les diverses recettes pour fabriquer de la terre de bruyère artificielle ou du terreau de feuilles pouvant servir aux mêmes usages que celui des bois, ne doivent pas inspirer une très grande confiance. Il ne sera pas toutefois inutile de dire quelques mots de cette fabrication.

XVI.

Préparation de la terre de bruyère artificielle.

Nous avons trouvé tout récemment dans *l'Horticulteur Français,* l'excellente publication de M. F. Hérincq, deux procédés pour obtenir artificiellement ce que l'on appelle, toujours à tort, répétons-le, de la *terre de bruyère.* Voici comment les décrit M. Briant :

« A l'automne, je fais ramasser autant que possible toutes les feuilles du jardin ; je les fais mettre en tas pour m'en servir un peu plus tard, notamment au pied des plantes délicates, qui craignent la gelée et auxquelles une simple garniture de feuilles suffit pour passer l'hiver sans avarie.

« La saison du froid passée, j'enlève ces feuilles pour faire une couche, que j'établis en étalant un lit de feuilles d'une épaisseur de $0^{m}20$, que l'on arrose, et sur lequel on jette près d'un centimètre de chaux hydratée ; on répète ce travail trois ou quatre fois suivant la hauteur que l'on veut donner à la couche et suivant la quantité de feuilles dont on dispose ; on termine par un lit de feuilles ; alors on place les coffres et on établit les réchauds comme d'habitude. Au bout de quelque temps, huit ou quinze jours, la couche commence à chauffer. Par ce moyen, j'ai obtenu assez facilement jusqu'à 30 et 40° de chaleur et celle-ci se conserve longtemps lorsqu'on surveille les réchauds. Cette couche peut servir à faire lever des melons ou toute autre espèce de graines ainsi que pour y faire des boutures, etc.

« A la fin de l'été, quand on a terminé ses cultures, on défait la couche de feuilles et on en met les débris par lots pour les faire passer ainsi l'hiver. On a soin de les remanier plusieurs fois et l'année suivante on obtiendra ainsi de la terre de bruyère, en ajoutant à ces détritus 50 pour 100 de silice ou à son défaut du sable de rivière ou autre. »

Voici maintenant le procédé employé par M. Citerne, jardinier en chef de la ville de Clermont-Ferrand :

« Après avoir fait usage pendant l'hiver, dit-il, des feuilles dont je puis disposer, je les réunis en lots et les arrose copieusement à mesure que je fais un lit de feuilles de $0^{m}30$ à $0^{m}35$; après quoi on foule et refait un nouvel arrosage, en ayant soin de fouler encore, et ainsi de suite jusqu'au bout du tas de feuilles, en l'arrosant de temps en temps. Quand la décomposition commence à détruire le tissu des feuilles, on remanie le tas en y mêlant 50 °/₀ de silice ou d'un sable quelconque, mais très fin, et on laisse au mélange le temps de se faire, après quoi vous avez une terre de bruyère de bonne qualité. »

On le voit, ce sont là tout simplement des procédés pour former du *terreau de feuilles* et, comme nous l'avons dit, ce terreau obtenu par fermentation en couches a des qualités bien différentes de celui qui se forme naturellement dans les bois. Sous ce rapport, la recette indiquée ci-après a peut-être de la valeur. Elle est indiquée, croyons-nous, par M. Bertin. Nous la donnons ici d'autant plus volontiers qu'elle sert à corroborer notre appréciation. « Il faut prendre, dit-on, des feuilles de chêne ou de châtaignier, les étendre par un temps sec et froid sur un sol battu, les mouiller et les abandonner à elles-mêmes. Quand elles sont gelées, on les bat au fléau ; elles se réduisent immédiatement en poudre, qu'on mêle ensuite avec du sable dégagé de ses parties terreuses.... »

On le conçoit aisément, ce genre de fabrication n'est pas appelé à un grand avenir. Où chercher des feuilles de chêne et de châtaignier, si ce n'est dans les bois, et là ne vaut-il pas mieux laisser le terreau se faire tout seul? Et pour en fabriquer, par exemple, une centaine d'hectolitres, ce qui est tout au plus une bonne charge de chariot, quel espace ne faudra-t-il pas recouvrir de feuilles, en couche assez mince pour que la gelée la puisse bien pénétrer? Cette fabrication n'est donc sérieusement possible que sur une très petite échelle.

Laissons faire la nature ce qu'elle fait si bien et sachons profiter de ses faveurs. Partout où il y a des bois, il y a en abondance du terreau végétal qui surpasse en qualité la meilleure terre de bruyère, pourvu qu'on y ajoute une certaine proportion de sable. Il s'agit seulement de ne pas aller le chercher dans les parties humides et, pour quelques plantes, de ne pas l'employer trop frais.

Quant au terreau végétal artificiel, destiné à entrer dans la composition des mélanges, on a vu, par ce qui précède, que sa préparation ne présente aucune difficulté.

XVII.

De la terre de bruyère de Gand.

La soi-disant terre de bruyère de Gand, si renommée qu'aujourd'hui l'on exporte en Angleterre et en France et jusqu'en Amérique, n'est autre chose que du terreau végétal. On la retire des bois où le fond est sec, sableux, et très souvent le sable s'y trouve suffisamment mêlé pour rendre superflue toute addition subséquente de cet élément.

Les bois qui servent à cette exploitation sont situés entre Bruges et Gand, à quelques lieues de cette dernière ville. Ils sont formés d'essences à feuilles caduques où les Peupliers et les Aulnes dominent. Les sapinières peuvent fournir également, mais en quantité moindre, un terreau très léger et riche en humus; toutefois nous ne sachions pas que jusqu'à présent, elles aient été exploitées sous ce rapport. Leur tour arrivera sans doute, car au train dont vont les choses, on peut prévoir le moment où cette matière première viendra, non pas à manquer — la nature n'en fabrique-t-elle pas tous les ans? — mais à diminuer d'une manière très sensible.

Nous avons dit que la qualité du terreau de feuilles varie considérablement selon son origine, c'est à dire suivant son mode de formation et suivant les endroits où il s'est formé. Le meilleur provient des bois à feuilles caduques, dont le sol est sablonneux et perméable. Celui qu'on retire des bois dont le sol est argileux et humide, ainsi que des fossés qui entrecoupent les bois en général, se rapproche par sa nature du terreau de feuilles obtenu artificiellement par la décomposition des feuilles en tas. Ce dernier, on le sait, ne convient pas du tout à la culture des plantes délicates et proprement dites de *terre de bruyère*.

Le bon terreau de feuilles ne doit pas être trop décomposé; par conséquent, il ne doit pas être trop noir, ni terreux. S'il contient quelques vestiges de feuilles plus ou moins intactes et de formation ou d'extraction récente, il n'est pas pour cela à rebuter. Beaucoup d'horticulteurs le préfèrent ainsi pour y cultiver certaines plantes en pleine terre. Pour la culture en pots, on prend de préférence du terreau un peu plus avancé et ayant séjourné un an en tas.

On ne se fait pas l'idée de la consommation de cet article de commerce. Nous pourrions citer tel établissement où la provision annuelle dépasse les quatre mille hectolitres et plusieurs autres qui ne sont pas loin d'atteindre le chiffre de trois mille hectolitres. En portant à cent cinquante mille hectolitres par an, les besoins de l'horticulture gantoise, nous croyons encore être en dessous de la vérité.

Se figure-t-on bien cent cinquante mille hectolitres de matière végétale, sans compter les autres auxiliaires, transformés en fleurs, en feuilles, branches, racines et cayeux, irradiant tous les ans de notre ville vers tous les points de la terre! Voilà certes des chiffres qui établissent d'une manière irrécusable la prospérité toujours croissante de cette industrie si merveilleuse et à la fois si modeste et qui dans la terrible et sanglante crise que nous venons de traverser, ne semble pas même avoir été affectée dans sa marche progressive et civilisatrice !

XVIII.

Faut-il mettre des restrictions à l'exportation de la terre de bruyère ?

Nous ne pouvons terminer cet exposé sommaire sans appeler l'attention sur un côté de la question qui intéresse au plus haut degré l'avenir de notre commerce horticole : nous voulons parler du côté économique, au point de vue spécial où nous nous sommes placé.

L'humus est un produit naturel qu'on trouve abondamment dans certaines localités, mais qu'il est impossible de remplacer par un produit artificiel partout où les bois sont entièrement défrichés. A Gand, sa valeur est relativement peu élevée, parce que les frais de transport sont très minimes et que jusqu'à présent les exploitants n'ont pas eu à payer de taxes ou de redevances pour son extraction. En sera-t-il toujours ainsi? Nous avons vu le chiffre atteint par la consommation annuelle dans notre ville et tout fait croire qu'elle ira encore en augmentant d'année en année avec les besoins et les progrès de nos cultures; d'autre part, nous constatons que cette matière première, pourtant si encombrante — car l'hectolitre ne pèse en moyenne qu'une cinquantaine de kilogrammes — est sujette à une exportation qui s'étend aussi chaque jour davantage.

Lors de la première publication de cette étude, nous nous demandions s'il fallait admettre que dès aujourd'hui la consommation du terreau de feuilles a dépassé la production normale et que dans peu d'années la matière serait devenue moins abondante, au point d'acquérir une valeur plus que double? Ce qui alors était pour nous encore un doute est aujourd'hui changé en certitude.

Le terreau de feuilles de bonne qualité atteint aujourd'hui sur place une valeur qui varie de 1 fr. 50 l'hectolitre à 3 francs et cette valeur tend encore à s'accroître tous les jours.

Il se peut que plus tard la cherté d'une matière première aussi indispensable ait pour conséquence de faire hausser le prix de certains articles, de certaines catégories de plantes; toutefois, elle n'affectera en rien, croyons-nous, le marché lui-même.

Nous ne pensons pas non plus qu'il soit désirable de prohiber l'exportation du terreau de feuilles, comme nous en avons entendu maintes fois exprimer le souhait. En cela nous ne nous laissons aucunement diriger par nos convictions libre-échangistes; nous ne voyons ici que l'intérêt de l'horticulture gantoise. Celle-ci n'a pas à craindre, pour les spécialités qui ont porté si loin sa réputation, la concurrence de ceux qui auraient à s'approvisionner de terre de bruyère de Gand. La terre que l'on exporte est toujours destinée en grande partie à des amateurs, pour lesquels la dépense n'est ordinairement qu'une question secondaire. Nous devons nous efforcer d'aplanir pour eux les difficultés, car leurs succès se traduisent en bénéfices pour l'horticulture marchande.

DE LA POSSIBILITÉ

D'UTILISER LA

VAPEUR PERDUE DES MACHINES

POUR LE CHAUFFAGE DES SERRES.

Cette question a déjà été mise plusieurs fois à l'étude, et notamment en Angleterre, où la *science* du jardinage est plus en honneur que chez nous et où des ingénieurs éminents dirigent leurs études vers l'avancement de l'horticulture et de l'agriculture par le perfectionnement des instruments et des appareils employés dans ces industries. Jusqu'à ce jour, on n'est pas encore parvenu à un résultat réellement pratique concernant l'application au chauffage des serres, de la vapeur qui se perd dans un grand nombre d'usines. La difficulté se comprend aisément. La plupart des machines à vapeur ne fonctionnent que le jour, tandis que les serres ont toujours besoin de la plus grande somme de chaleur artificielle pendant la nuit. Même les serres chaudes, dont les feux ne s'éteignent jamais en hiver, ont alors besoin d'être plus fortement chauffées, quoique la température y soit maintenue à un degré moins élevé que pendant le jour, le refroidissement par la surface vitrée étant bien plus considérable pendant la nuit.

Il en résulte que pour pouvoir utiliser la vapeur perdue de ces machines, il faut non seulement en concentrer le calorique dans un appareil qui ne le rende que lentement et le conserve au moins toute la nuit ; il faut encore que, durant le jour, cet appareil ne dégage pas une portion notable du calorique absorbé au fur et à mesure, et ne produise ainsi une température intempestive qui serait nuisible à la santé des plantes. — C'est là le double problème que nous allons essayer de résoudre.

Mais pour bien apprécier comment il est possible de tirer parti d'une manière avantageuse de cette vapeur perdue, examinons d'abord quelle est la quantité de calorique qu'elle possède encore au sortir de la machine.

On sait que pour comparer les quantités de chaleur entre elles, on prend pour *unité* la quantité de chaleur qui est nécessaire *pour élever d'un degré* du thermomètre centigrade la température d'un kilogramme d'eau (ou si l'on veut d'un litre d'eau, car le kilogramme est le poids d'un litre d'eau pure à son maximum de densité). Cette unité est appelée *calorie*. Ainsi un kilogramme d'eau à la température de 20° centigrades contient 20 calories ; de même encore un kilogramme d'eau bouillante (100° C.) renferme 100 calories.

Pour que l'on puisse se faire une idée de la somme de chaleur que représentent ces 100 calories, nous citerons ce fait qu'un kilogramme de fer chauffé au rouge ne possède guère que les deux tiers de la quantité de chaleur que possède un kilogramme d'eau bouillante. Ce fait, qui paraîtra peut-être incroyable aux personnes n'ayant pas étudié la physique, est une preuve de la grande chaleur spécifique de l'eau, c'est à dire de sa propriété d'absorber une grande quantité de chaleur pour s'élever à une certaine température. L'eau s'échauffe donc lentement, mais par compensation elle se refroidit lentement. C'est à cette propriété qu'il faut rapporter les bons effets qu'on en retire pour le chauffage des serres, où une température aussi peu variable que possible est une des grandes conditions de succès.

La quantité de chaleur que possède la vapeur est encore plus considérable. On a calculé qu'il faut 550 calories pour transformer en vapeur un kilogramme d'eau bouillante. La quantité totale de chaleur nécessaire pour chauffer et vaporiser ensuite un kilogramme d'eau, primitivement à la température de zéro, est égale à 650 calories (Clément et Désormes).

La vapeur abandonne, quand elle repasse à l'état liquide, cette quantité considérable de chaleur ; un kilogramme de vapeur mélangée à 5 1/2 kilogrammes d'eau élèvera de 0 à 100° la température de celle-ci, car on obtiendra 6 1/2 kilogrammes d'eau à la température de 100°, qui renferment par conséquent, comme nous venons de le dire, 650 calories. Un kilogramme de vapeur possède donc autant de calorique que 9 3/4 kilogr. de fer chauffé au rouge.

Cette vapeur est prise ici à la température de 100° ;

lorsque celle-ci est plus élevée, comme cela se présente dans les chaudières à haute pression, la vapeur contient naturellement un nombre plus élevé de calories. Toutefois, dans le calcul qui va suivre, afin de le simplifier, nous ferons abstraction de cette différence, d'autant plus qu'il faut toujours tenir compte d'une certaine perte dans les tuyaux de conduite et dans les appareils. Nous admettrons donc pour base que la vapeur au sortir de la machine est à la température de 100°.

Maintenant, si nous savons quelle est la quantité de vapeur employée par une machine, il sera aisé de calculer de quelle quantité de chaleur on pourrait tirer parti pour le chauffage d'une serre. Pour rendre notre calcul plus clair, prenons pour exemple une machine de la force de 20 chevaux, travaillant à une pression de 4 atmosphères. A raison de 17 kilogr. de vapeur par heure et par cheval, cette machine en consommera 3,400 kilogr. par journée de 10 heures. Or, cette quantité de vapeur possédant toujours, au sortir du moteur, une température au moins égale à 100°, la somme de calorique qu'elle renferme équivaut à plus de 2,210,000 calories, soit en chiffres ronds 2 millions de calories. Notons que ceux-ci représentent la chaleur produite par la combustion (dans un foyer qui utiliserait au moins la moitié de la chaleur développée par le combustible, ce qui n'est pas toujours le cas, tant s'en faut) de 571 kilogr. ou de plus de 7 hectolitres de houille de première qualité. Ceci permet d'apprécier la quantité énorme de chaleur qui se dépense sans utilité lorsqu'on laisse se perdre, soit dans la cheminée, soit à l'air libre, la vapeur non condensée des machines.

Il est vrai qu'aujourd'hui l'on n'établit de machines sans condensation que dans les localités où l'eau n'est pas très abondante, car il faut beaucoup d'eau pour que cette condensation soit possible. Ainsi une machine de la force de celle dont il vient d'être question, exigerait, rien que pour la condensation, plus de 1,000 hectolitres d'eau par journée de 10 heures de travail.

Ce n'est que dans le cas où l'on serait privé d'un cours d'eau naturel et où nécessairement une machine sans condensation devrait être établie, que le système que nous proposons trouverait une application.

Voici maintenant en quoi consiste ce système.

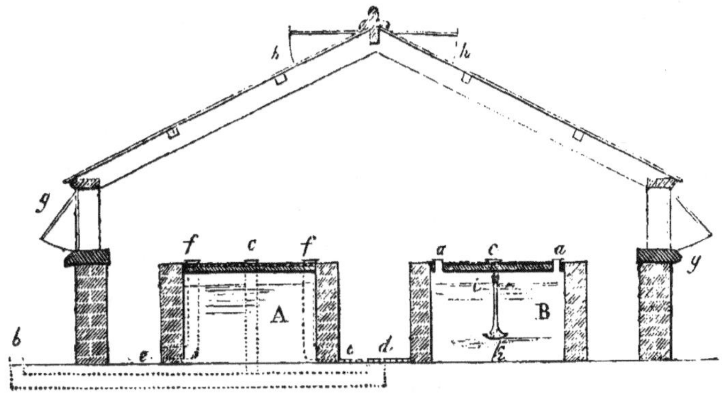

Coupe d'une serre chauffée au moyen de la vapeur perdue.

Les bâches qui existent dans presques toutes les serres, sous des formes variables, constitueraient des réservoirs de la même longueur que la serre, moins la largeur des sentiers à chaque extrémité. Ces réservoirs, maçonnés au ciment, afin d'être parfaitement étanches, seraient remplis d'eau au 4/5 de leur hauteur; un trop plein débouchant extérieurement y maintiendrait un niveau invariable. Ils seraient recouverts de tuiles ou de carreaux reposant sur un assemblage de barres en fer, et surchargés à leur tour d'une couche de menu mâchefer de quelques centimètres d'épaisseur, ce qui constitue pour toutes les plantes un appui plus hygiénique, plus sain que le plancher d'un gradin. Dans cette couverture, on peut ménager, suivant le genre de plantes, un certain nombre d'ouvertures *a*, *a*, munies de clapets, afin de produire à volonté, par l'évaporation de l'eau chaude des réservoirs, le degré d'humidité atmosphérique que l'on juge convenable.

Dans les deux bâches, et à peu de distance au dessus du niveau du l'eau, circule un tuyau en fer ou en fonte *i*, correspondant avec la machine à vapeur; il conduit la vapeur utilisée de celle-ci dans les réservoirs. A cet effet, il porte un certain nombre de tubes qui plongent dans le liquide et dont l'extrémité se termine par une pomme d'arrosoir, *k*. Ce tuyau, à son entrée dans la serre, est muni d'une soupape qui laisse la vapeur arriver sans le moindre effort dans toutes ses ramifications, mais qui ne permettrait pas à l'eau condensant la vapeur et pénétrant par les petits tubes, par absorption, dans le tuyau principal, de se précipiter jusque dans les appareils de la machine et d'y causer des désordres. Si, donc, pendant l'arrêt de la machine, une absorption se produit, ce qui serait possible sans la soupape, elle n'a lieu que dans le tuyau *i* et tout danger disparaît aussi longtemps que cette soupape remplit son office. Au fur et à mesure que la machine travaille, la vapeur vient se condenser dans l'eau des réservoirs A et B, et elle se condensera en totalité jusqu'à ce que la température de celle-ci soit à 100° C. Cette température, l'eau ne pourra l'atteindre que dans le cas où les réservoirs seraient trop petits pour condenser toute la vapeur fournie par la machine. Dans un cas pareil, il suffirait d'établir une décharge et de laisser échapper la vapeur à l'air, au dehors, à l'aide d'un tube placé à l'extrémité du tuyau *i*, chaque fois que la température de l'eau des réservoirs serait à son maximum. Mais ne vaudrait-il pas mieux, étant donné par exemple une machine de la force de 20 chevaux, à 4 atmosphères de pression et travaillant 10 heures par jour (mêmes conditions que ci-dessus), calculer d'avance quelles pourraient être à peu près les dimensions d'une serre, afin de tirer parti de toute la chaleur perdue? Ce calcul, du reste, n'est pas du tout compliqué.

Remarquons cependant qu'il est de toute impossibilité de déterminer mathématiquement quelle est la plus grande étendue à donner à la serre; d'autant plus qu'en prévision de froids exceptionnels, il faut toujours qu'il soit possible de produire quelques degrés de chaleur de plus que ceux exigés strictement par les plantes. Nous ajouterons encore que les conditions de refroidissement des serres diffèrent du tout au tout : 1° d'après les dimensions de leur surface vitrée et les soins apportés au vitrage; 2° d'après leur situation abritée ou découverte, basse ou élevée au dessus du sol, et d'après leur exposition; 3° d'après les matériaux dont se compose la charpente.

Chacun sait que dans une serre mal construite, mal vitrée, il faut chauffer bien plus que dans une autre placée dans des circonstances analogues et construite avec soin.

Il importe donc de peser toutes ces conditions. Il faut

aussi ne pas perdre de vue que, durant la journée, une certaine portion du calorique se perd, par rayonnement, à travers les parois des bâches.

N'ayant pas eu jusqu'ici l'occasion de soumettre notre système à l'épreuve de l'expérimentation, ne nous pouvons donner que des chiffres approximatifs; mais on peut admettre en règle générale que, au moment où la machine cesse de fonctionner, c'est à dire à la fin de la journée, l'eau, ayant une température de 25° à 40° au dessus de celle qu'il faut maintenir dans la serre et occupant un volume égal à peu près au 6me de celui de la masse d'air (ainsi que cela se présente dans le modèle de serre que nous avons figuré), l'eau disons-nous, pourra céder à l'air assez de calorique pour qu'il ne descende pas durant la nuit au dessous du degré exigé par les plantes.

Nous avons déjà vu plus haut que le calorique, contenu dans la vapeur perdue de la machine que nous avons prise pour exemple, pouvait être estimée au minimum à 2 millions de calories. Cette somme de calorique est capable de faire augmenter, en un jour, de 40° la température de 50 mètres cubes d'eau (50,000 kilogrammes d'eau × 40° = 2,000,000 calories) ou bien de 30° celle d'une masse d'eau de 66 m. cubes etc. En divisant ces chiffres par la hauteur de l'eau dans les réservoirs et par la largeur de ces derniers on trouve que la longueur de ceux-ci (et par conséquent aussi celle de la serre) serait de 20 mètres dans le premier cas et de 25 dans le second.

Après avoir vu comment la chaleur s'accumule tout le

long du jour dans l'eau des réservoirs, examinons maintenant comment cette chaleur est utilisée pendant la nuit. Des espèces de petites cheminées en zinc ou simplement des tubes, si l'on veut, larges de 8 à 10 centimètres, communiquant en bas et en haut avec l'air de la serre, traversent l'eau des réservoirs (*cf, cf* bàche A); ces cheminées sont constamment fermées pendant la journée à l'aide de clapets ou de couvercles. Le soir, on les débouche quand la température commence à s'abaisser : alors l'air échauffé qui s'y trouve vient s'échapper par l'ouverture supérieure; il est remplacé par de l'air nouveau, entrant par l'ouverture inférieure, lequel s'échauffe à son tour, monte, s'échappe également et produit ainsi une circulation qui ne s'interrompt plus aussi longtemps que l'eau possède une température plus élevée que celle de l'air de la serre.

Il est facile de modérer l'activité de cette circulation d'air chaud en rebouchant plus ou moins les cheminées ; d'autre part, rien n'est plus aisé que de rendre l'action de ce chauffage plus rapide en multipliant le nombre de ces dernières.

Un point essentiel avec un chauffage comme celui que nous proposons ici, c'est de bien déterminer, au préalable, l'écart existant entre la température extérieure et celle de la serre, alors que les cheminées dont nous venons de parler sont closes. Cet écart doit être constaté le matin, avant que le soleil ait pu exercer son action; il servira à indiquer la ligne de conduite à tenir pour ne pas produire inutilement une chaleur trop élevée dans la serre, pendant la nuit, si l'on ouvrait trop complétement le soir toutes les bouches. On ne doit pas oublier qu'une certaine chaleur est dégagée par les murs des bâches par voie de rayonnement; elle ne sera pas très considérable, — il est même à désirer qu'elle soit aussi petite que possible, car ce même rayonnement a lieu pendant le jour, — mais, par un fort refroidissement extérieur, ce rayonnement ne serait plus très sensible. Ici encore, nous avons à peine besoin de le dire, le jardinier doit avoir l'habitude d'observer le ciel et les circonstances atmosphériques pour pouvoir se permettre d'abandonner toute une nuit, au cœur de l'hiver, la serre à elle-même sans surveillance.

Nous venons de voir qu'une perte de chaleur aura lieu par les murs des bâches. En automne et au printemps, il peut arriver qu'il se produise par là, dans la serre, surtout si le soleil s'en mêle, une température trop élevée — nuisible, par conséquent, à moins qu'une ventilation suffisante ne parvienne à maintenir l'équilibre. Pour faciliter ce renouvellement de l'air dans la partie centrale, des conduits sont placés sous les bâches; ils prennent l'air au dehors et viennent déboucher dans le sentier (*bd*). Ils sont recouverts d'un grillage et peuvent aussi se fermer à l'aide de bouches ou de clapets.

Ces conduits portent des cheminées en zinc (*cc*) pareilles à celles déjà décrites pour échauffer l'air, et traversant également la nappe d'eau chaude. Elles serviront à ventiler en hiver et à diminuer, en cette saison, l'humidité parfois trop grande de l'atmosphère. L'air extérieur étant obligé de traverser le liquide échauffé, aura acquis, avant de pénétrer dans l'intérieur de la serre, une température au moins aussi élevée que celle qui y règne; ainsi disparaît la seule cause qui empêche de renouveler l'air des serres pendant la saison défavorable.

Avons-nous tort de supposer qu'avec un système de chauffage tel que celui que nous venons de décrire, il soit possible de cultiver les plantes de serre chaude les plus délicates?

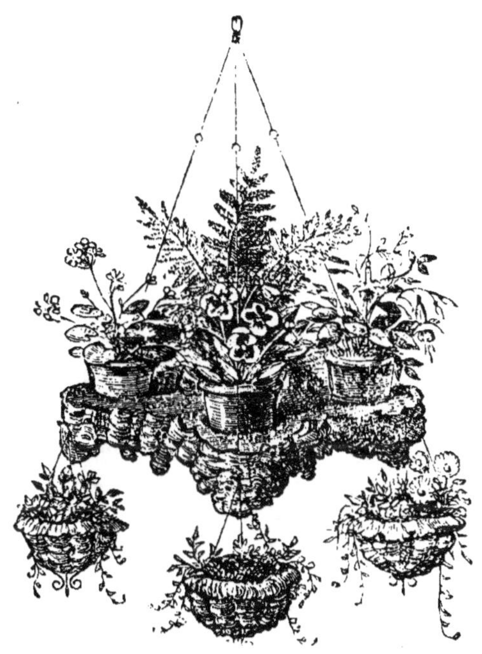

UNE ASPERGERIE A PRIMEURS.

..... Il y a de cela bien des années, je visitai en compagnie d'un ami, ardent admirateur de plantes et excellent cultivateur lui-même, la campagne de madame X..., près de Valenciennes. Cette dame faisait d'assez grandes dépenses pour son jardin, lequel était petit, il est vrai, mais soigné, peigné, frisé, enfin coquet comme sa maîtresse. Elle jouissait de la réputation, parmi les jardiniers, d'être difficile à contenter. — Voyez donc, que n'exigeait-elle pas? Des fleurs partout, dans les salons, les vestibules, jusque dans le jardin potager. Elle voulait des asperges le jour des Rois, des raisins blancs et bleus à la Saint-Joseph, et des pêches le premier dimanche de mai! — Et l'on sait combien la plupart des jardiniers de campagne sont encore peu initiés aux procédés de culture forcée. Toutefois, comme madame X.... payait bien, elle était habituellement bien servie.

A l'époque de notre visite, son jardinier venait de la quitter. C'était, ainsi que je l'ai appris plus tard, un homme soigneux, aimant sa besogne, mais n'aimant pas à changer sa manière de faire; au reste, très intelligent. Nous étions alors au temps où le *Pré Catelan*, au bois de Boulogne, était le rendez-vous de toute l'aristocratie du bon goût et.... donnait aussi le ton aux jardins. En France, et même en Belgique, on voulait partout des géraniums et des pensées comme au Pré Catelan, des corbeilles de *Silene*, de verveines, de pétunias, etc., comme au Pré Catelan, des pelouses comme celles du Pré Catelan. C'était une révolution; tous les jardiniers avaient le cauchemar. Les propriétaires voulaient des jardins comme ceux de Paris, mais sans dépenser une obole de plus qu'ils ne faisaient auparavant; ils ne savaient pas encore ce qu'il faut de main-d'œuvre pour maintenir constamment fleuries ces innombrables pièces, et se figuraient tout bonnement que leur jardinier n'avait qu'à planter *pour que cela poussât.* — Le progrès horticole considéré à ce point de vue a causé bien des chagrins.... et des déménagements.

— Que les jardiniers dans la province sont encore en arrière! nous dit Mme X..., en nous faisant ses doléances à propos du départ de son jardinier. Figurez-vous que ce dernier n'a su me fournir des asperges que huit jours après l'époque où j'en ai toujours eu jusqu'à présent. Et quelle quantité de fumier il lui a fallu pour cela! Sur l'observation que je lui en fis, savez-vous ce qu'il m'a proposé? Oh! pour cela, je crois qu'il avait réellement l'esprit un peu dérangé. Il voulait ni plus ni moins chauffer tout un parc d'asperges à l'aide de canaux de maçonnerie et d'un petit foyer placé à l'une des extrémités. Un thermosiphon, disait-il, eût été préférable, mais eût exigé trop de frais. Comment trouvez-vous cela? — Et la bonne dame de rire, et nous autres de faire chorus.

Quand je me rappelle aujourd'hui cette petite histoire, je regrette d'avoir ri; là, vrai, je me sens honteux, non pas d'avoir été si peu perspicace, mais d'avoir ri — un peu par condescendance, c'est vrai — d'un homme qui, en définitive, avait une idée excellente. Faut-il autre chose que de la chaleur aux asperges pour pousser en hiver aussi bien qu'elles le font naturellement au printemps? Et puis ce chauffage du sol était-il donc en lui-même si risible? Mais un des premiers écrivains horticoles, M. Naudin, a développé dans un travail spécial(1) tout un système de culture qui repose sur le chauffage artificiel du sol, et son travail a été traduit et reproduit dans les plus importants journaux d'horticulture de l'Angleterre et de l'Amérique. Le projet de l'humble jardinier de madame X..... était tout bonnement une application de la culture géothermique au forçage des asperges! — Et l'on se moquait de son idée.

M. Naudin, savant modeste et consciencieux, avouant que son idée n'est pas tout à fait nouvelle, mais non encore appliquée, et reconnaissant que « l'auteur se fait illusion peut-être », ne sera pas surpris de nous voir affirmer que sa culture géothermique existe, sur une grande échelle même; nous l'avons vue de nos propres yeux. Et madame X... rira-t-elle encore lorsqu'elle saura que le projet si ridicule de son jardinier, de faire pousser en hiver des asperges en pleine terre, à l'aide de quelques tuyaux de chaleur placés dans le sol, est exécuté dans le jardin légumier de la reine d'Angleterre, à Frogmore, près de Windsor?

(1) *Serres et Orangeries de plein air. — Aperçu de la culture géothermique.* Paris, 1861.

On ne lira pas, peut-être, sans intérêt quelques détails sur ce mode de forçage; mais pour bien en faire comprendre les avantages, nous croyons indispensable de dire d'abord deux mots sur la manière dont nous obtenons ici des asperges de primeur, procédé qu'on appelle *forçage sur place*. Vers la fin d'octobre, on supprime les tiges et on laboure les planches; puis une quinzaine de jours avant l'époque où l'on désire commencer la récolte, dès novembre, si l'on veut, on enlève la terre des sentiers qui séparent les planches. On ouvre ainsi des tranchées profondes d'au moins 60 centimètres sur une même largeur à peu près, que l'on remplit de fumier de cheval frais et chaud. Celui-ci doit être bien piétiné et arrosé suffisamment, s'il ne paraît pas assez humide, ce qui est toujours le cas pour les fumiers sortant de l'écurie. L'espèce de réchaud ou de couche ainsi formée doit s'élever de 40 à 50 centimètres au dessus du niveau du sol, car, en donnant sa chaleur, le fumier se tasse et diminue de volume. On le couvre dans sa longueur de planches destinées à servir d'appui aux panneaux qui viennent recouvrir les parcs d'asperges. Ces panneaux sont formés de trois ou quatre planches non rabotées et clouées ensemble sur des traverses. En temps de gelée, on dépose encore sur le tout une couche de feuilles sèches, qui retient parfaitement la chaleur. — Par ce procédé, qui n'exige ni coffres ni châssis, nous avons obtenu plusieurs fois, au commencement de novembre, des asperges en *douze jours*. — Le grand point, c'est d'employer du fumier bien chaud et de lui donner, en formant la couche, un degré convenable d'humidité.

Dans l'aspergerie de Frogmore, les embarras qu'entraînent la formation des couches, le transport et le remaniement du fumier, remaniement nécessaire pour en entretenir la chaleur, et surtout l'aspect desagréable qu'il produit dans un jardin bien tenu, tout cela disparaît. Le chauffage a lieu au moyen de deux tuyaux de thermosiphon, circulant entre les planches dans un espace vide, large de 35 centimètres environ et profond d'un mètre. — De chaque côté une maçonnerie à claire-voie retient le sol

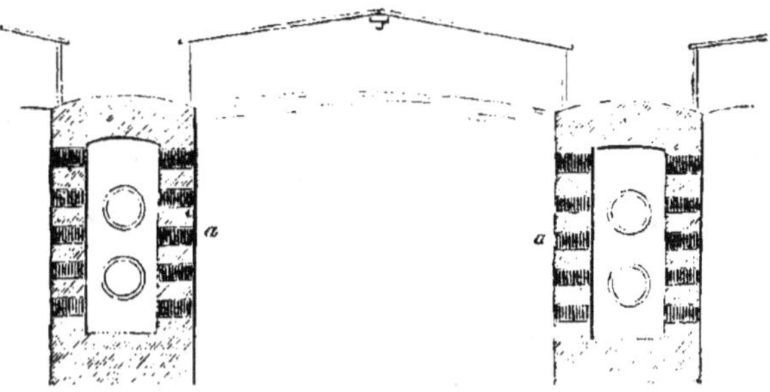

Aspergerie à primeurs de Frogmore (*coupe*).

des planches et permet à la chaleur de la traverser et d'activer la végétation des asperges.

L'aspergerie à primeurs de Frogmore comprend une vingtaine de planches longues de 30 à 35 mètres, pouvant toutes être chauffées à l'aide d'un appareil unique, dont le foyer est situé sous le sol d'un chemin principal. Des soupapes convenablement disposées permettent d'arrêter à volonté, et pour ainsi dire instantanément, la production d'une planche, de ralentir celle de telle autre pour en prolonger la récolte, de provoquer immédiatement la mise en activité d'une troisième, tenue en réserve jusque-là. Ne voilà-t-il pas, au moins, une culture entièrement soustraite aux influences climatériques?

5

Les planches sont surmontées de coffres, et dès qu'elles sont soumises au forçage, on les recouvre de panneaux de bois. On voit qu'il est question ici d'asperges *blanches;* s'il s'agissait d'obtenir des asperges *vertes*, comme on les aime en France, il faudrait remplacer les panneaux par des châssis vitrés.

Il serait oiseux, croyons-nous, d'insister longuement sur les avantages que présente le mode de forçage des asperges par le thermosiphon, notamment dans les établissements où l'on recherche à la fois l'agréable et l'utile. Pas de fumier, presque pas de main-d'œuvre; les feux allumés, le jardinier n'a d'autre besogne que de faire la récolte en temps opportun. Peut-on imaginer une culture plus simple?

LES

BOUQUETS DE S[TE] BARBE.

Culture forcée des rameaux à fleurs.

Nous avons pensé qu'il pouvait être utile de rapprocher dans une seule notice deux articles parus récemment, l'un dans la *Revue horticole* de Paris, l'autre dans les *Bulletins du Cercle d'Arboriculture.* Tous deux traitent d'une spécialité de culture à peu près complétement ignorée dans notre pays et qui dans bien des circonstances n'est pas sans offrir un certain charme.

Voici d'abord l'article de la *Revue,* signé Noblet :

« Toutes les personnes qui s'occupent tant soit peu d'horticulture savent que les arbres, arbrisseaux, arbustes qui se prêtent le mieux à la culture forcée sont ceux chez lesquels les inflorescences ou les rudiments des fleurs sont complétement organisés et formés dans les bourgeons, lorsque ces végétaux entrent dans la période de repos. Il en est de même des plantes herbacées vivaces, et plus particulièrement des plantes tuberculeuses, rhizomateuses et surtout bulbeuses ; ce sont celles chez lesquelles les inflorescences sont déjà préparées dans le bourgeon au moment où les bulbes mûrissent, qui se forcent le plus facilement ; tel est le cas pour les Jacinthes, Narcisses, Scilles, etc. Étant donné un Ognon d'une de ces espèces de force à fleurir, on pourra, de juin-juillet en octobre-novembre ou décembre, se convaincre, en le coupant par le milieu, que tout ce qui devra constituer l'inflorescence (hampe, fleurs, organes floraux), tout est déjà organisé et visible, si pas à l'œil nu, tout au moins à la loupe; et avec la pointe d'une aiguille, une personne un peu exercée pourra déjà prédire si les fleurs seront simples ou doubles, combien de pièces et d'organes les composeront, etc., etc.

« Il existe la plus grande analogie d'organisation entre tout bourgeon à fleurs et un bulbe ; aussi suffira-t-il, à l'automne ou en hiver, de couper et d'examiner de même un bourgeon floral de Lilas, de Marronnier d'Inde, de Poirier, de Pêcher, etc., pour voir que tout ce qui devra être en sa saison la fleur est déjà préparé, n'attendant plus que les conditions d'une température propice pour finir de se développer et fleurir.

« C'est cette raison qui fait que très souvent, à l'arrière-saison, surtout quand après un temps très sec, survient de l'humidité et une douce température, on voit certains de ces bourgeons, excités et trompés par des conditions atmosphériques analogues à celles dans lesquelles s'opère la floraison normale, se mettre à fleurir intempestivement. La même chose arrive aussi fréquemment pour les bourgeons feuillus, principalement chez les arbres qui, ayant souffert de la sécheresse ou des attaques des insectes, se sont dépouillés de bonne heure en été. Aux premières pluies de fin d'été et d'automne, on les voit se couvrir de jeunes feuilles qui, normalement, n'auraient dû se montrer qu'au printemps.

« Ceci établi, on comprendra facilement pourquoi certains végétaux se prêtent plus facilement et plus rapidement que d'autres à la culture chauffée, dans le but d'en obtenir la floraison à contre-saison. Nous n'entrerons pas dans les détails de cette culture forcée, que tout le monde connaît, et qui se trouve d'ailleurs exposée dans tous les bons traités d'horticulture. Mais ce que l'on ne sait pas, et que nous voulons signaler aux lecteurs de la *Revue*, c'est que les rameaux d'un certain nombre d'arbres et d'arbustes étant choisis avec boutons à fleurs, étant plongés par leur base dans de l'eau, du sable humide ou de la terre mouillée et soumis à la température chaude et humide d'une serre, peuvent arriver à fleurir d'une façon assez satisfaisante. Aux personnes qui auront des loisirs et qui voudront s'amuser à tenter quelques essais dans ce genre, nous signalerons, entre autres, comme donnant des résultats assez certains : le Saule Marsault; les *Spiræa lanceolata* ou *Reevesi*, *prunifolia*, *lævigata;* le *Berberis dulcis;* les *Mahonia repens*, *Aquifolia;* les divers Chamæcerisiers; les *Ribes sanguineum*, *palmatum*, *aureum*, et autres analogues; les *Amygdalus persica*, *Prunus* et *Cerasus* à feuilles caduques; le *Kerria japonica;* les *Forsythia viridissima*, *suspensa ;* le *Jasminum nudiflorum ;* certains Chèvrefeuilles, notamment le *fragrantissima*, et nombre d'autres qu'il serait trop long d'énumérer. Il peut parfois être avantageux, pour certaines garnitures d'hiver, d'avancer le développement des châtons des Noisetiers (Coudriers), des Aulnes et du *Garrya elliptica*, ou les fleurs du Cornouillier mâle, etc. On y peut arriver par le même procédé; cependant, certaines espèces, comme les Lilas, les Deutzia, les Coignassiers du Japon, etc., qui réussissent bien étant chauffés avec les racines, ne fleurissent pas ou fleurissent mal au moyen des simples rameaux; du moins c'est ce qui nous est arrivé lorsqu'il y a quelques années nous nous occupions de cette question, dont nous avions déjà dit alors un mot dans ce journal.

« Nous avons pensé intéressant de revenir sur cette question, qui présente peu d'intérêt cette année, parce que l'hiver a été très doux et qu'on n'a guère manqué de fleurs jusqu'à présent; mais dans un hiver rigoureux, on peut trouver à mettre cette idée à profit, et si quelques-uns des lecteurs de la *Revue* veulent en essayer et rendre compte de ce qu'ils auront obtenu, ils ne pourront qu'être agréables à tous ceux que les questions de ce genre intéressent.

« Nous dirons en terminant qu'il est préférable de ne couper les rameaux destinés à cette culture que quelque temps après que la gelée aura complétement arrêté le mouvement de la sève, et enfin que pour éviter que l'eau dans laquelle on plantera ces rameaux ne se corrompe, on devra y mettre un peu de charbon en poudre ou en menus morceaux. »

Voici maintenant ce que nous écrivions sur le même objet dans le supplément aux *Bulletins d'Arboriculture* « *Instructions pour le Jardin d'agrément*(1) » sous le titre de « *Les Bouquets de Ste Barbe.* »

(1) Page 84, 1871.

« Ce titre est peut-être mal choisi et ne plaira pas à tout le monde, mais, comme je n'en trouve pas de plus convenable pour la chose que je veux exprimer et qu'il en faut un à cet article tout comme aux autres, j'ai adopté celui-ci parce qu'il traduit à peu près l'expression employée par les Allemands[1], qui sont les inventeurs du petit procédé de culture dont je vais parler. J'aurais pu, il est vrai, dire aussi bien : *les bouquets de St Nicolas*, mais ce saint a déjà sa spécialité (en Belgique, au moins.)

« En Allemagne, on est fréquemment dans l'usage de détacher en hiver quelques rameaux d'arbustes dont la floraison a lieu au premier printemps, de les plonger dans des vases remplis d'eau et de les placer dans un appartement chaud, ou mieux dans une serre, le plus près possible du vitrage. Dans des conditions favorables, ces rameaux bourgeonnent et fleurissent presque aussi parfaitement que dans la nature. Comme il est nécessaire, si l'on veut obtenir cette floraison vers la Noël, de commencer aux premiers jours de décembre le vulgaire s'en tient à certains jours déterminés, dans la croyance qu'ils sont plus propres que d'autres à favoriser la bienvenue des fleurs. Tels sont, par exemple, dans certaines localités, la Ste Barbe, le 4 décembre, et ailleurs la St Nicolas, le 6 décembre. Il est vrai que tous les rameaux ne fleurissent pas à Noël, mais la plupart viennent peu après. La réussite est plus certaine pour ceux qu'on ne soumet à cette sorte de culture forcée qu'en janvier ou un peu plus tard.

(1) Les Allemands disent : *die Sanct Barbara- oder Nicolaüszweige*, littéralement les *Rameaux de Ste Barbe ou de St Nicolas*.

« Voici maintenant les conditions déterminantes de succès. Des rameaux convenablement munis de boutons sont simplement *cassés* et non pas *coupés* sur les pieds mères afin qu'ils soient plus aptes à sucer l'élément liquide qui leur servira de sève. La floraison se fait d'autant mieux que les arbustes aient joui quelques temps du repos hivernal ; quelques jours de gelée suffisent à cet effet. Les rameaux, qu'on choisit de grandeur différente, sont placés dans de l'eau, de telle sorte qu'ils aient assez d'espace pour développer leurs fleurs et leurs pousses. La température la plus favorable est de 15 à 18° c. Inutile d'insister sur la nécessité de leur accorder la plus grande somme de lumière ; on en comprend aisément toute l'importance.

« Après cela, il ne reste plus qu'à avoir soin de maintenir les vases bien remplis, en y ajoutant tous les jours de l'eau fraîche. Dans un appartement, les seringuages ne sont guère praticables ; là où ils n'ont pas d'inconvénients, dans une serre par exemple, ils favorisent considérablement l'épanouissement des boutons. Au surplus, dans un appartement, la floraison est sujette à plus d'un échec. Il ne faut pas, par exemple, que la température s'y abaisse trop ou que l'on néglige, une seul fois, l'addition d'eau fraiche. On réussit le mieux, et cela se comprend, dans les places tenues un peu humides.

« La floraison, il faut le dire, ne se prolonge pas longtemps ; beaucoup de fleurs, en outre, sont pâles.

« Les arbustes suivants conviennent plus spécialement à ce procédé de forçage :

« Le Lilas commun (*Syringa vulgaris*), notamment la

variété à fleurs blanches, ainsi que le Lilas de Perse (*Syringa persica*).

« Toutes les sortes d'arbres fruitiers et particulièrement les Cerisiers, les Pommiers, y compris les Pommiers d'ornement dont les fleurs sont plus nombreuses et plus belles (*Malus spectabilis, floribunda, baccata*, etc.); les Abricotiers, les Amandiers et les Pêchers (ceux à fleurs doubles surtout); le Cornouiller mâle (*Cornus mascula*); le Daphne Bois gentil (*Daphne Mezereum*); le Viorne boule de neige (*Viburnum Opulus fl. pl.*); les Erables sanguins et celui à fruits laineux (*Acer rubrum, A. dasycarpum*); le *Corchorus* ou *Kerria japonica* à fleurs simples et doubles; le Prunier épineux ou Prunellier (*Prunus spinosa*), le Prunier à grappes (*Prunus Padus*) et maints autres arbrisseaux, tels que les Groseilliers doré et sanguin (*Ribes aureum*, *sanguineum*) etc.

« Le forçage des suivants réussit plus difficilement : Acacia rose (*Robinia hispida*); le faux Jasmin (*Philadelphus coronarius*); le Marronnier d'Inde (*Æsculus Hippocastanum*); les Cytises de diverses espèces, etc. Souvent les rameaux dépérissent au moment où ils sont le plus près de la floraison.

« Pour finir, quelques indications sur l'ordre de floraison des espèces et sur le nombre de jours qu'exige leur épanouissement, ne seront pas sans intérêt.

« En premier lieu on obtient le Daphne Bois gentil fleurissant au bout de 6 à 8 jours; puis viennent les Erables rouges et à fruits laineux, ainsi que le Cornouiller mâle, en 10 à 12 jours; l'Amandier nain (*Amygdalus nana*), les Abricotiers en 15 jours; les Cerisiers proprement dits, le Prunellier, les Amandiers, les Pêchers et plusieurs Pruniers, au bout de 15 à 20 jours. Le Bigarreautier, le Lilas blanc en 3 ou 4 semaines et la plupart des autres espèces en 4 ou 5 semaines. »

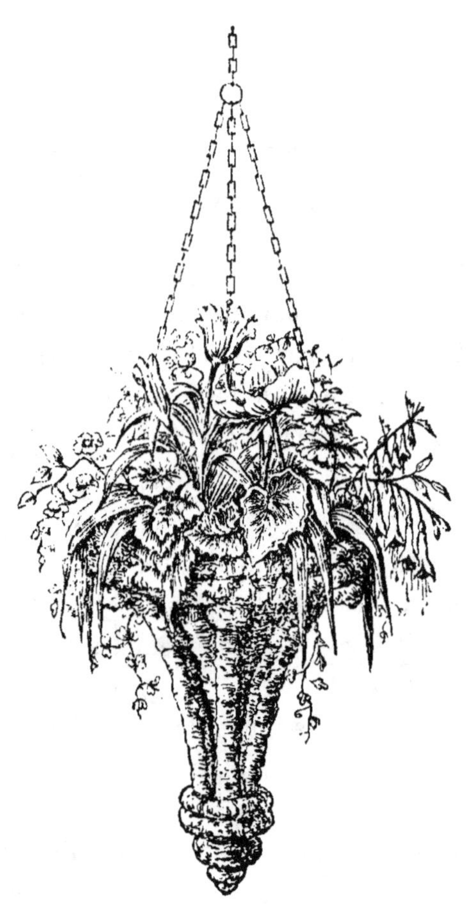

FLORAISON HIVERNALE

DES

JACINTHES SUR CARAFONS.

Depuis quelques années la culture hivernale des Jacinthes dans les appartements, en carafons remplis d'eau, gagne ici de nombreux adeptes. Cette espèce d'engoûment se justifie, du reste, à plus d'un titre : les ognons de Jacinthe développant leurs nombreuses racines blanches dans de l'eau claire et épanouissant leurs riches bouquets de fleurs parfumées avec autant de perfection que s'ils croissaient dans le sol le plus fertile des plaines de Harlem, présentent aux yeux du profane quelque chose d'étrange, d'anormal, d'inexplicable. Et c'est ce qui séduit tout le monde. Ce qui n'est pas moins séduisant, c'est l'extrême facilité de ce mode de culture. Il n'en faut pas davantage pour que tous ceux qui l'ont essayé une fois, y prennent goût et recommencent chaque année avec un nouveau plaisir.

En publiant les quelques détails qui vont suivre, je

suis certain d'augmenter encore le nombre de ceux qui affectionnent ce genre de culture.

Les carafons destinés à la culture dans l'eau ne doivent pas avoir une forme déterminée. Ils sont plus ou moins simples ou ornés, en verre blanc, jaunâtre ou même bleu (la teinte n'y fait rien); il suffit que le goulot en soit assez élargi et arrondi pour que l'ognon y puisse être introduit. On les remplit à peu près entièrement, la base de l'ognon effleurant la surface de l'eau. Dès que les racines commencent à s'allonger, le niveau de l'eau peut baisser, mais l'extrémité des radicelles doit continuer à y plonger. Bientôt les racines sont entièrement formées et remplissent tout le carafon ; on maintient alors le niveau du liquide à deux ou trois centimètres au dessous de la base de l'ognon.

On emploiera par préférence de l'eau pluviale et il faudra la renouveler au moins une fois toutes les semaines, pour éviter qu'elle ne se corrompe et ne fasse pourrir les racines. En changeant l'eau, il ne faut pas, chaque fois, sortir toutes les racines du carafon ; on se contentera de soulever un peu l'ognon, puis on verse l'eau et on en remet de la fraîche. Celle-ci doit être à la même température que celle de l'appartement où l'on tient les Jacinthes. N'employez jamais de l'eau attiédie sur le feu, elle est plus disposée à faire contracter la pourriture aux racines.

Certaines personnes se dispensent du soin de changer l'eau des carafons en ajoutant à celle-ci une pincée de sel ordinaire. C'est encore bien plus simple.

Un détail important qne je ne puis oublier de mentionner : pour la culture sur l'eau, ne choisissez jamais que les variétés les plus hâtives. On réussit difficilement avec les tardives; malgré les soins les plus attentifs, les racines se gâtent le plus souvent avant que les fleurs arrivent à leur complet épanouissement.

Comme la plupart des plantes en végétation, les Jacinthes exigent la plus grande somme de lumière. On les placera donc près des fenêtres éclairées par le soleil du matin; celui-ci hâte la floraison. Seulement les racines doivent être abritées contre le contact direct des rayons solaires, au moyen d'une feuille de papier, par exemple. Sans cette précaution, elles seraient exposées à s'endommager, ce qui entraînerait la perte de l'ognon.

Pendant les nuits froides, il ne faut pas laisser les carafons à proximité des fenêtres, où l'eau pourrait se geler. A la vérité, la Jacinthe ne craint pas un abaissemenf de température capable de congéler l'eau à la surface; mais il en résulterait un retard de plusieurs jours dans la floraison. Lorsqu'un cas pareil se produit accidentellement, il ne faut pas porter les carafons à proximité d'un poële pour en faciliter le dégel; il faut, au contraire, laisser celui-ci se faire lentement.

Dès que les premières fleurs s'épanouissent, on place les carafons hors de l'atteinte des rayons solaires, ainsi que de la chaleur des poëles ou foyers; on prolonge ainsi la floraison bien plus longtemps.

Suivant la chaleur des appartements, les Jacinthes peuvent arriver à la floraison en 4 à 6 semaines et se maintenir fleuries trois semaines. Rien de plus facile par conséquent que d'obtenir une floraison successive depuis Noël jusqu'au printemps.

Les ognons qui ont servi à la culture dans l'eau ne sont pas nécessairement perdus, comme on le croit d'ordinaire; il est vrai que, pour se remettre, ils exigent, à la suite du traitement forcé qu'il ont subi, des soins disproportionnés avec leur valeur.

TABLE DES MATIÈRES.

ÉTIQUETTES IMPRIMÉES POUR MARQUER LES FRUITS.

Ces étiquettes sont publiées par *tableaux généraux* et par *tableaux spéciaux*. Les premiers se composent de cinquante étiquettes de variétés différentes.

Treize tableaux généraux sont actuellement disponibles ; dix sont consacrés à 500 variétés de poires et deux à 100 variétés de pommes. Le dernier est formé d'*étiquettes blanches*, où les noms s'inscrivent à la main, pour les variétés dont les étiquettes imprimées ne sont pas encore en vente.

Les tableaux spéciaux se composent de 50 étiquettes de la même sorte. Voici la liste des variétés dont on peut obtenir des tableaux spéciaux.

Bergamote crassane.
— Esperen.
Bési de Chaumontel.
Beurré Bachelier.
— Capiaumont.
— Clairgeau.
— d'Amanlis.
— d'Hardenpont.
— Diel.
— Dumont.
— gris.
— rance.
— Six.
— Sterckmans.
— superfin.
Bon chrétien d'hiver.
— — William.
Bonne d'Ezée.
— de Malines.
Calebasse Bosc.
Colmar d'Aremberg.
Conseiller à la Cour.
Délices d'Hardenpont.
Double Philippe.
Doyenné d'Alençon.
— Du Comice.
— d'hiver.
Duchesse d'Angoulème
Durondeau (de Tongre)
Fondante des Bois.
Fortunée.
Joséphine de Malines.
Louise bonne d'Avranches.
Marie Louise.
Napoléon.
Nec plus Meuris.
Nouveau Poiteau.
Nouvelle Fulvie.
Orpheline d'Enghien.
Passe Colmar.
Poire de Curé.
Seigneur d'Esperen.
Soldat laboureur.
Suzette de Bavay.
Triomphe de Jodoigne.
Urbaniste.
Van Marum ou poire Carafon.
Zéphirin Grégoire.

D'autres tableaux spéciaux seront successivement publiés au fur et à mesure des demandes.

En attendant, on pourra se procurer également des *étiquettes détachées*, en nombre minimum de 10 de chaque variété.

PRIX-COURANT.

2 francs le mille (soit 20 tableaux) en prenant la série de tous les *tableaux généraux* publiés.

3 francs le mille, au choix de l'acheteur.

20 centimes le tableau.

100 étiquettes détachées	. . . . .	**fr. 0 60.**
1000 — —	. . . . . .	**„ 5 00.**

Boîte à 100 casiers pour le classement alphabétique des étiquettes détachées, **7 francs.**

La même boîte à 50 casiers, **4 francs.**

Adresser les demandes accompagnées du montant en timbres poste, à

ÉD. PYNAERT.
142, rue de Bruxelles, à Gand.

BIBLIOGRAPHIE.

La librairie H. Hoste à Gand, a publié récemment une nouvelle édition du *Traité de la culture forcée des arbres fruitiers,* par Ed. Pynaert. Cet ouvrage a obtenu dans la presse horticole l'accueil le plus favorable.

Voici l'appréciation qu'en a publiée M. E. Carrière, rédacteur en chef de la *Revue horticole* de Paris, appréciation reproduite dans la *Flore des Serres et des Jardins de l'Europe* de M. L. Van Houtte :

« Le livre dont nous allons parler, et dont nous avons dit quelques mots dans un des précédents numéros de la *Revue horticole,* est un de ceux qui font époque. Il a pour cela, deux qualités essentielles : 1° il correspond à un besoin et remplit une lacune qui existait dans le répertoire horticole; 2° il est fait d'une manière simple et pratique, bien que savante. Cet ouvrage, du reste, n'est pas un essai; déjà une première édition a légitimé son mérite. Disons toutefois que ce n'est pas une réimpression, mais bien une deuxième édition, non seulement revue et corrigée, mais sensiblement augmentée.

« Les connaissances profondes et variées que possède l'auteur de la *Culture forcée artificielle des arbres fruitiers,* M. Pynaert, lui ont permis de traiter ce sujet non seulement au point de vue théorique et pratique, mais aussi au point de vue historique. Sous ce dernier rapport, il a résume à peu près tout ce qui a été dit et écrit sur le forçage des arbres fruitiers. Aussi, son *Aperçu historique et bibliographique* est-il des plus intéressants à consulter.

« Dans cet ouvrage, qui contient plus de 360 pages, l'auteur a passé en revue tous nos arbres fruitiers, tels que : Abricotiers, Cerisiers, Figuiers, Framboisiers, Groseilliers, Mûriers noirs, Pêchers, Poiriers, Pommiers, Pruniers, Vignes, consacrant à chacun un nombre de pages en raison de l'importance du sujet, mais toujours suffisant pour ne rien omettre d'essentiel. Les soins généraux que réclament les arbres, le traitement qu'il faut leur appliquer pour les disposer au forçage, celui qu'il convient de leur accorder pendant l'époque de développement, etc. etc.; en un mot rien n'a été oublié, ce que va démontrer l'énumération que nous allons faire des diverses opérations appliquées à ce genre. Nous prenons comme exemple le genre *Pêcher*, qui comprend 27 pages ainsi divisées :

Opérations préparatoires. — 1. Des serres. — 2. De la plantation et du sol. — 3. Du choix de variétés. — 4. Formation et conduite des arbres.

» *Traitement à faire subir aux arbres pendant l'été qui précède le forçage.* — *Traitement en serre.* — 1. De l'époque du forçage en première saison. — 2. De la taille des production fruitières. — 3. Du forçage proprement dit. — Première période : *Mise en végétation.* — Deuxième période : *Floraison et fécondation.* — Troisième période : *Formation du noyau.* — Quatrième période : *Maturité.*

Si nous ajoutons que tous les soins, toutes les précautions à prendre sont indiquées pour chacune de ces opérations, que tous les détails nécessaires ont été donnés de manière à les conduire à bonne fin, que de nombreuses figures intercalées dans le texte parlent aux yeux et rendent très compréhensibles certains détails que le langage ne peut rendre, l'on pourra se faire une idée de l'importance du livre dont nous parlons, et alors, comme nous, l'on sera convaincu que son auteur, M. Pynaert, a rendu un immense service, nous ne dirons pas seulement à la Belgique, son pays, ni à la France, qui est le nôtre, mais au monde entier. »

E. A. Carrière.

Nous fesons suivre ce compte rendu si élogieux du savant chef des pépinières au Jardin des Plantes de Paris, par l'article ci-dessous, dû à la plume compétente de M. E. de Puydt, président de la Société d'horticulture de Mons et l'un des écrivains belges les plus estimés.

« Un de nos plus infatigables travailleurs, M. Ed. Pynaert, architecte de jardins, professeur à l'école d'horticulture de l'Etat, à Gand, vient de faire paraître un nouvel ouvrage, intitulé *Les Serres Vergers, traité complet de la culture forcée et artificielle des arbres fruitiers*. C'est un joli volume de 375 pages, orné de 65 figures intercalées dans le texte.

Quand je dis que l'ouvrage est nouveau, ceci n'est pas entièrement exact ; ce n'est, à proprement parler, qu'une nouvelle édition du *Manuel de la culture forcée des arbres fruitiers* du même auteur, mais une édition entièrement refondue, remaniée et complétée, de telle sorte que c'est bien un livre neuf, très différent de celui qui a valu à M. Pynaert de nombreux et éminents encouragements.

De très grands efforts ont été faits pour répandre et perfectionner chez nous la culture des arbres fruitiers, et, à bien des égards, ces efforts ont été couronnés de succès ; mais nous avons un climat tout au plus tempéré ; la chaleur de nos étés est insuffisante pour mûrir certains fruits ; d'autres ne donnent ici que des produits douteux et de qualité inférieure. D'autre part, les besoins du luxe nous obligent à demander au loin, sous des latitudes plus clémentes, les primeurs que réclament nos banquets.

Est-il bien vrai que nous soyons condamnés à manquer de certains fruits d'élite que notre soleil ne peut murir, et à demander toujours à nos voisins du midi, même à l'Algérie, les primeurs ou les variétés lentes à murir? Ne pouvons-nous remplacer par des procédés artificiels ce que la nature nous refuse?

La question est depuis longtemps jugée, surtout en Angleterre et en Russie. Mais les diverses solutions dont elle est susceptible demeurent peu connues et il importe grandement de les vulgariser. C'est à quoi tend le livre de M. Pynaert.

La question est très-complexe. D'une part on peut se borner

à demander à la culture artificielle des récoltes plus assurées et une maturité parfaite, même des espèces tardives et à très-gros fruits; la raisin est, tout particulièrement, l'objet de cette culture, dont les produits dépassent de beaucoup en qualité et en quantité, non seulement ce que peut donner notre climat, à l'air libre, mais encore ce qui nous vient du midi. Si l'on veut *forcer*, dans le vrai sens du mot, c'est-à-dire obtenir des fruits à contre-saison et presque toute l'année, au moyen de la chaleur artificielle, alors il importe de posséder tout un ensemble de connaissances difficiles à acquérir et qu'on est heureux de trouver réunies et discutées dans un seul volume clairement écrit et bien ordonné.

Les arbres fruitiers destinés au forçage étaient jadis plantés à demeure dans le sol de la serre; depuis quelques années on a tenté ou repris la culture en pots sous des formes naines, et l'on a obtenu des fruits aussi bons et aussi beaux, ce qui est déjà précieux et le devient davantage quand on considère que ces arbres en miniature, chargés de beaux fruits, sont un ornement de premier ordre pour les tables.

Le livre de M. Pynaert traite cette question *in extenso* ainsi que bien d'autres : sol, engrais, plantation, taille, choix des meilleures espèces, humidité, atmosphère, etc. etc. L'auteur a pratiqué, il a beaucoup étudié, beaucoup vu, et son livre est un résumé méthodique de tout ce qu'il faut savoir sur ces questions; un livre clair, utile, et qu'on lui saura gré d'avoir fait et refait avec une louable persévérance et une véritable amour du progrès. »

E. de Puydt.

www.ingramcontent.com/pod-product-compliance
Lightning Source LLC
LaVergne TN
LVHW020009170826
845677LV00022B/551

* 9 7 8 2 3 2 9 6 9 1 4 8 0 *